外操工作行为规范

《操作人员作业行为规范》编绘小组　编绘

中国石化出版社
HTTP://WWW.SINOPEC-PRESS.COM

图书在版编目(CIP)数据

外操工作行为规范/编绘小组编绘.——北京：中国石化出版社，2012.9
（操作人员作业行为规范）（2024.7 重印）
ISBN 978-7-5114-1783-1
Ⅰ.①外… Ⅱ.①编… Ⅲ.①石油化工—化工设备—操作—技术规范 Ⅳ.①TE96-65
中国版本图书馆CIP数据核字（2012）第216085号

中国石化出版社出版发行

地址:北京市东城区安定门外大街 58 号
邮编:100011　电话:(010)57512500
发行部电话:(010)57512575
http://www.sinopec-press.com
E-mail:press@sinopec.com
北京富泰印刷有限责任公司
全国各地新华书店经销
*
889×1194 毫米 64 开本 1.125 印张
2012 年 11 月第 1 版　2024 年 7 月第 5 次印刷
定价:15.00 元

《操作人员作业行为规范》编绘小组

组　　长：陈连财

副组长：寿建祥

编绘人员：王爱东　孙敏杰　颜军文

金登峰　吴国平　丁建波

项　静　李桂丽　章棋峰

车　幸　杨芳芳　严　峰

周振凯

序

近年来，股份公司炼油事业部大力推行精细化、标准化操作管理，严格落实以工艺纪律、操作纪律和劳动纪律为重点的三大纪律，促进企业进一步夯实安全生产基础。镇海炼化一直注重精细化操作管理，他们从规范操作作业行为入手，全面梳理班长、内操和外操人员日常主要作业内容，总结提炼该公司长期以来在生产实践中形成的宝贵经验，编制了操作工系列作业行为规范要求，有效促进了操作人员良好作业行为习惯的养成。《操作人员作业行为规范》内容全面、通用性强，采用新颖独特的漫画形式，文字简练，画面生动，易懂易记，是操作人员学习掌握作业行为规范的普及性教育读本。

这次股份公司炼油事业部组织出版该书，希望各炼油企业认真学习和借鉴镇海炼化精细操作管理方面的好经验、好做法，结合本单位实际加强对操作人员培训，规范作业行为，加强现场管理，不断提高生产运行水平。

目录

☞ 巡检前

（一）劳保穿戴

养成良好工作习惯，
从每一次巡检做起。

（二）劳保穿戴

进入装置关闭手机，
不穿雨披、不撑伞。

☞ 巡检前

（二）巡检工具

巡检包

对讲机

巡检仪

听　棒

扳　手

小F枪

抹　布

报警仪

测温枪

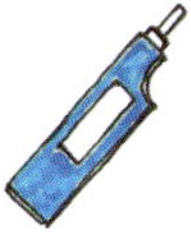
测振笔

巡检工具好帮手，对讲机、巡检仪，
听棒、抹布和扳手，现场检查用处大。
报警仪、测温枪、测振笔，现场需要应带齐。

☞ 准备工作

（一）了解现场情况

巡检人员交接巡检工具，并向上一轮次巡检人员了解现场情况。

（二）询问内操

外操巡检人员进入现场巡检前，通知内操并向其询问本次巡检所需的作业内容及其它事项。

巡检

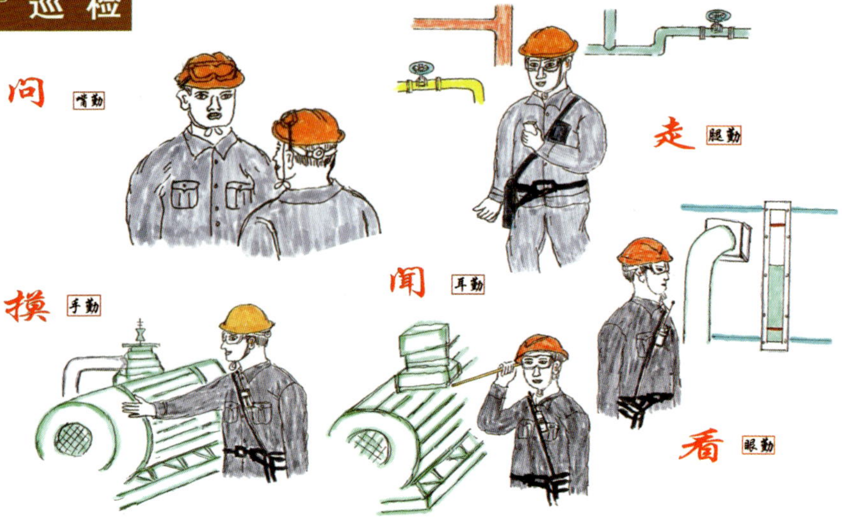

五步巡检法—走、看、摸、闻、问

☞ 巡检

（二）走

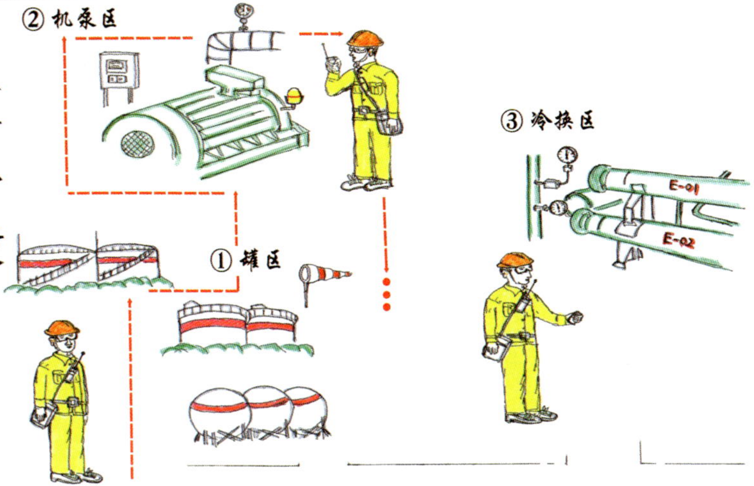

看清风向，按装置规定路线认真巡检。

（二）走

巡检到位，不留死角，把握时间，不等不赶。

（二）走

上下楼梯有危险，抓牢扶手才安全。

（一）走

巡检留心脚下物，细小管线不踩踏。

（一）走

走路留心脚下，安全牢记心间。

（三）看

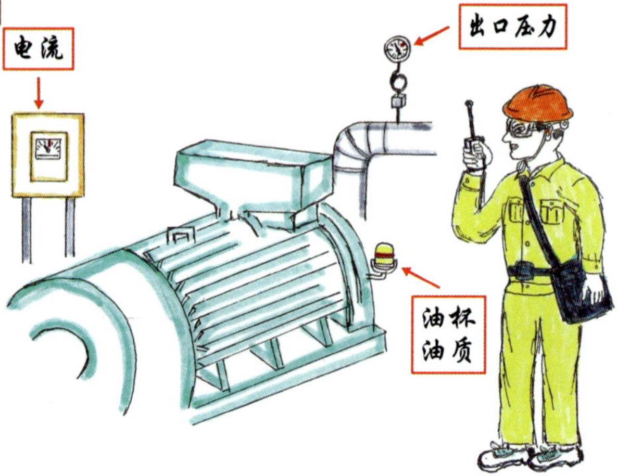

详查机泵参数，做好日常维护。

（二）看

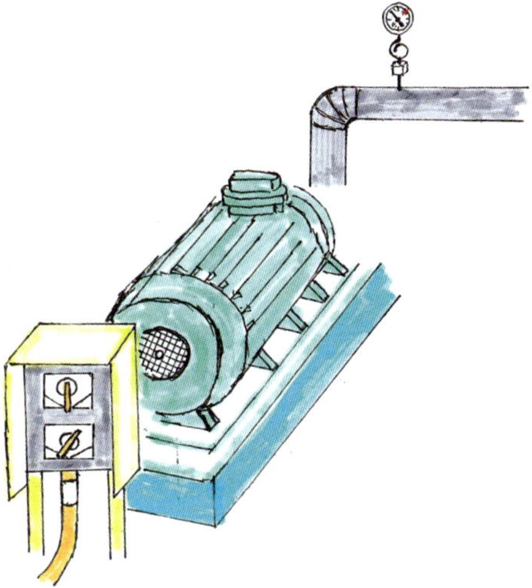

自启泵开关打在自启位置。

（三）看

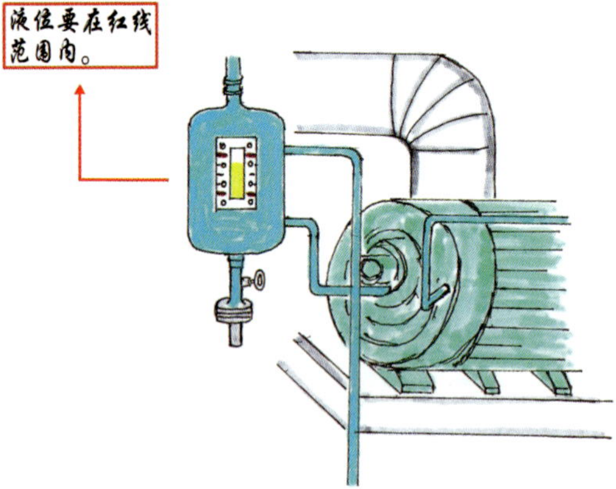

压力、电流、温度、流量等参数要在红线范围内。

（二）看

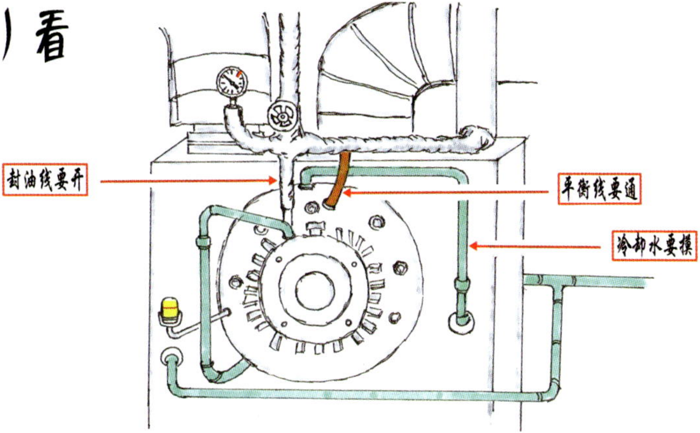

封油线要开、平衡线要通、冷却水线要摸。

巡检

（二）看

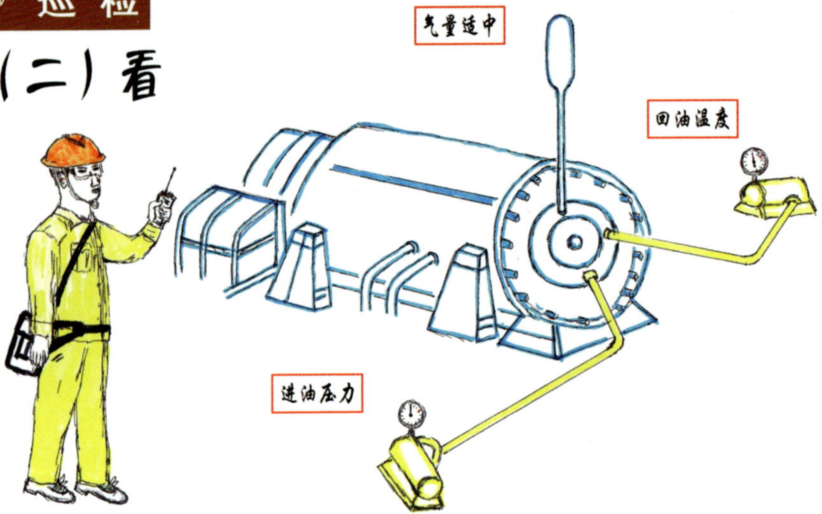

气量要适中，回油温度、流量和进油压力要正常。

（二）看

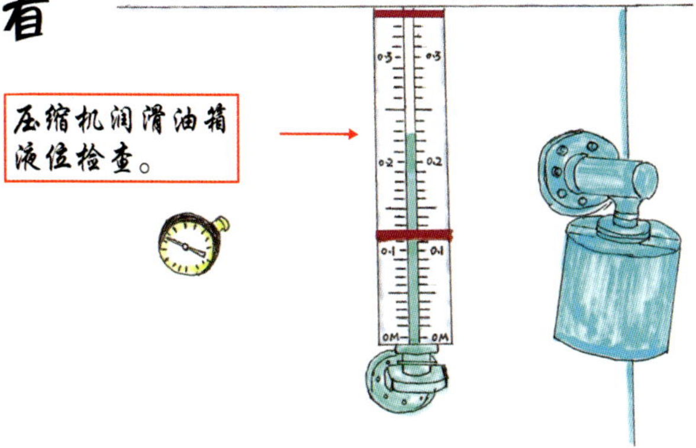

压缩机润滑油箱液位要在红线范围内。

（二）看

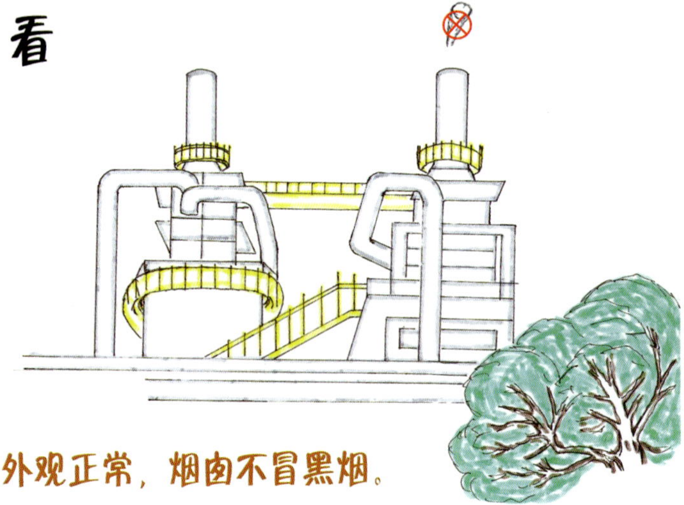

炉子外观正常，烟囱不冒黑烟。

（三）看

人站看火窗旁，一手拉看火窗，一手试负压，佩戴看火镜，查看炉膛是否明亮，齐火焰不发飘，无黑烟和扑炉管等异常现象。

(二)看

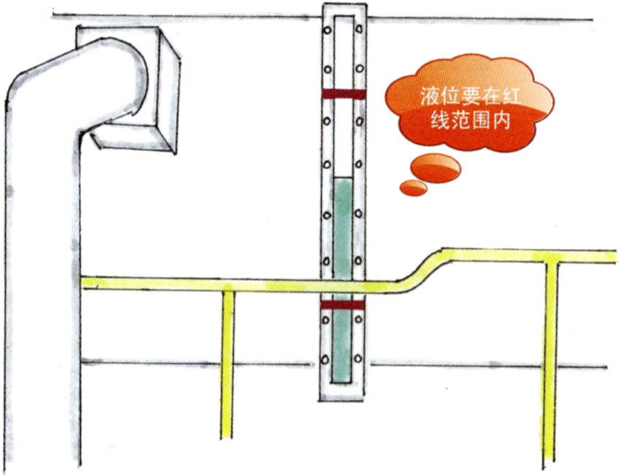

检查塔、罐压力、液位等是否在红线范围内，重要参数定期同内操核对。

（二）看

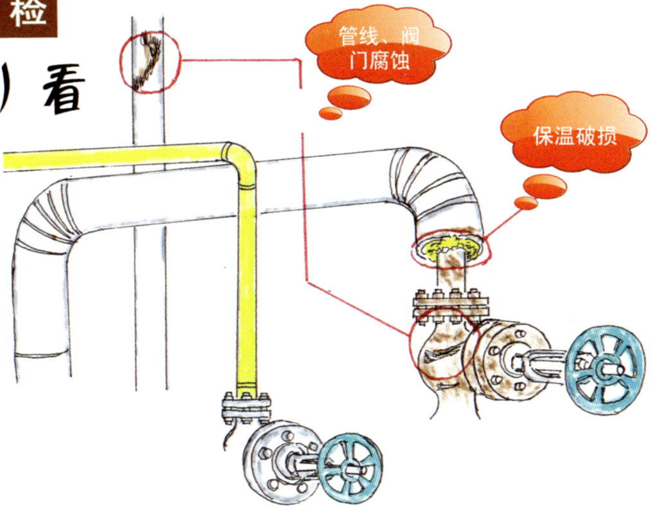

检查管线有无保温破损、变形、油漆脱落，阀门有无腐蚀等现象。

（二）看

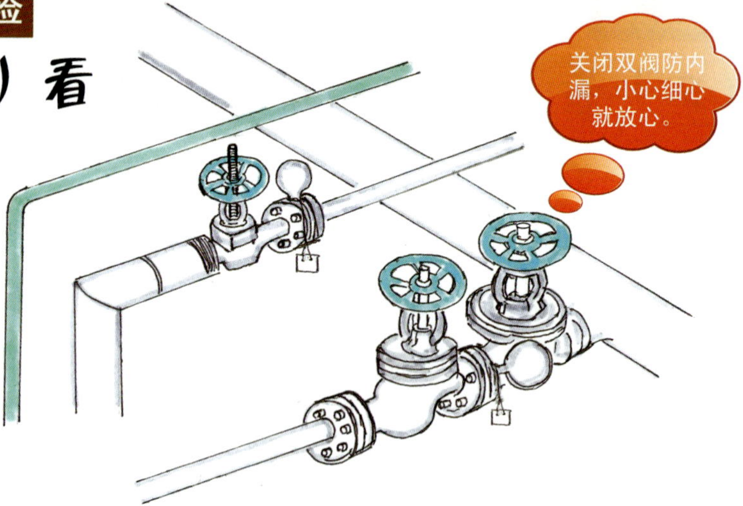

关闭阀门时，有双阀门的要关闭双阀。

（二）看

设备、管线要检查，跑冒滴漏是隐患，早发现、早处理，安全生产有保障。

(二) 看

“跑冒滴漏”不可轻视，可能是重大泄漏。

（三）摸

安全阀：眼看明处漏点，手感后路温度，判断内部泄漏。
高（低）温部位应用测温枪。

（三）摸

“号脉会诊”

（四）闻

巡检中闻到异味，或硫化氢报警仪报警，巡检人员要立刻佩戴好防护器具查找原因，注意人身安全。

（四）闻

闻到油气味，巡检人员要立即检查，支援人员要携带防护器具，视情况佩戴使用，注意避免火源。

（四）闻

听往复机汽缸、活塞环、气阀声音，设备运行工况要心中有数。

（四）闻

巡检中，听机泵轴承箱声音，诊设备运行工况。

（五）问

巡检发现有异常，
汇报内操要及时，
询问情况很重要，
心中有数无事故。

巡检特别提醒（二）

爱护对讲机、巡检仪等工具，不抛掷、不敲打。

巡检特别提醒（二）

巡检数据现场记，真实准确不作假。

巡检特别提醒（三）

巡检特别提醒（四）

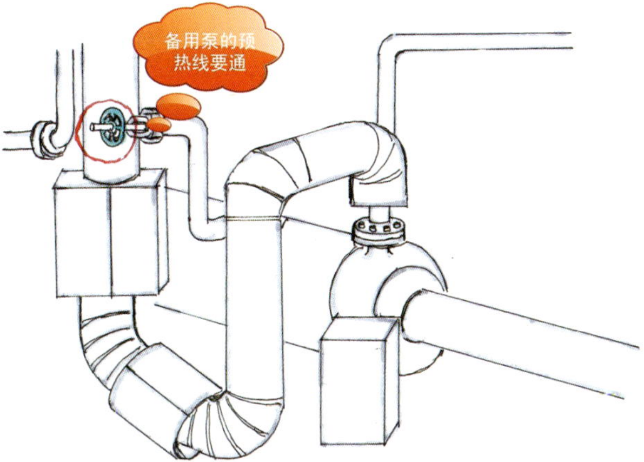

冬季严寒温度低，防冻防凝要做好，关注泵的三条线，预热线，封油线，还有泵的伴热线。

巡检特别提醒（五）

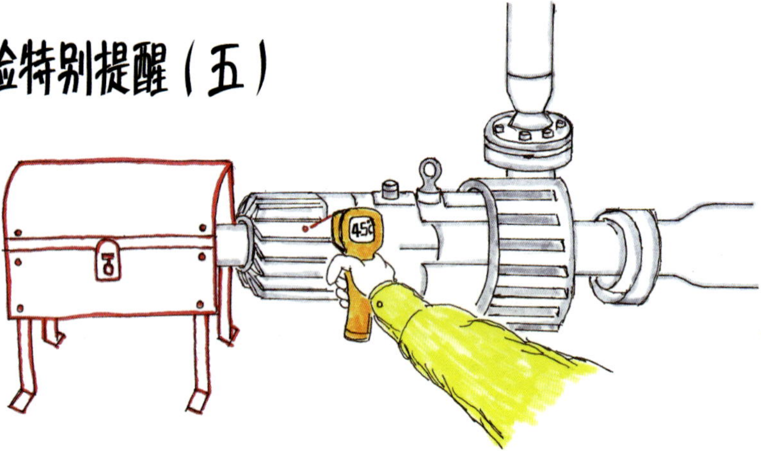

夏天炎热气温高，防暑降温要做好，关注轴承箱温度，机泵运行保安全。

巡检特别提醒（六）

巡检后记录

巡检结束三件事，发现问题要登记，日志本上要描述，处理进度需交接。

联系汇报

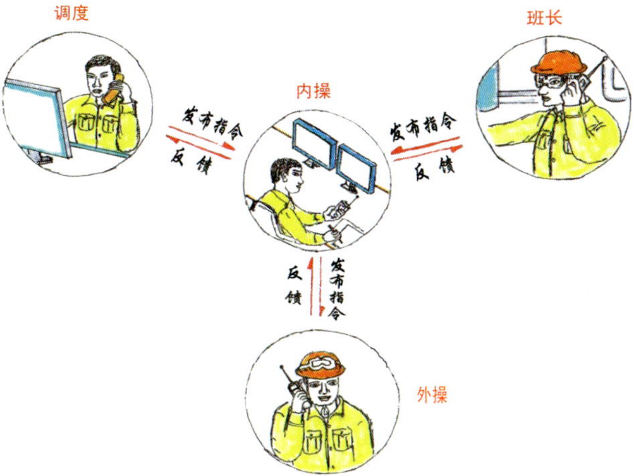

双方互报姓名，发令人下指令，受令人先复述、后执行，作业结束逐级反馈。

（一）现场作业总则

一听、二看、三明责任、四复查。
了解作业目的，理清作业步骤，
不犯经验主义错误。
作业前需慎重，作业内容要确认，
作业完毕需反馈，参数指标仔细对，
不得即离作业现场。

☞ 作业

（二）基本功—使用F枪

F枪使用三要素：形状要规范，大小应合适，紧扣手轮。阀门全开后，需回一扣。阀门全关时，需用F枪确认。

（二）基本功—扎皮管

皮管连接处需用铁丝扎紧，防止皮管弹出，做好日常检查，及时更换老化破损的皮管。

作业

（二）基本功——盘车

自启泵盘车之前确认在手动位置，盘车后需复位。

作业

（三）基本功——加注润滑油

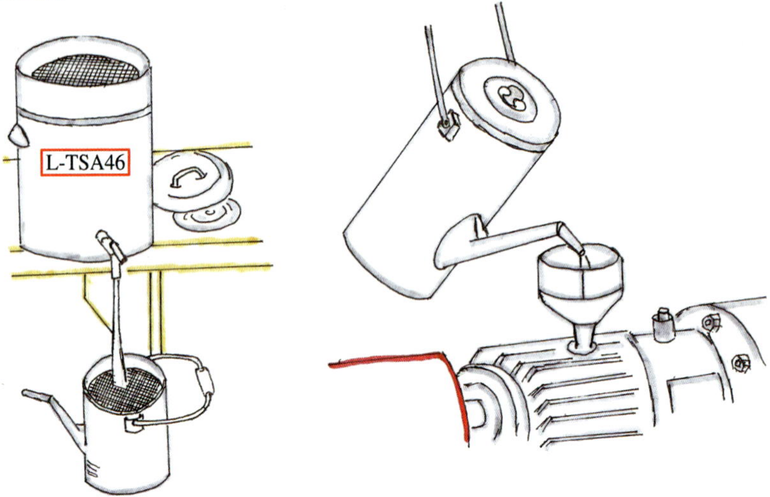

机泵加注润滑油需遵守“三滤五定”原则。

（三）动改流程

阀门开关要有序，介质引入需缓慢。
听声音、看仪表、人随流程走，保持勤联系。

☞ 作业

（三）动改流程

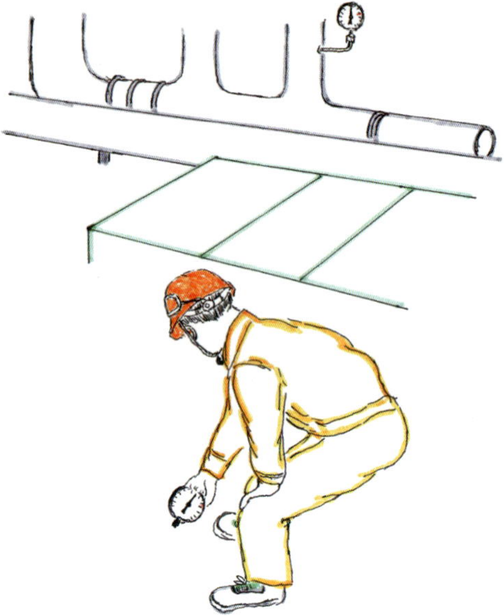

作业完毕清现场，备件未用需入库。

（四）采样

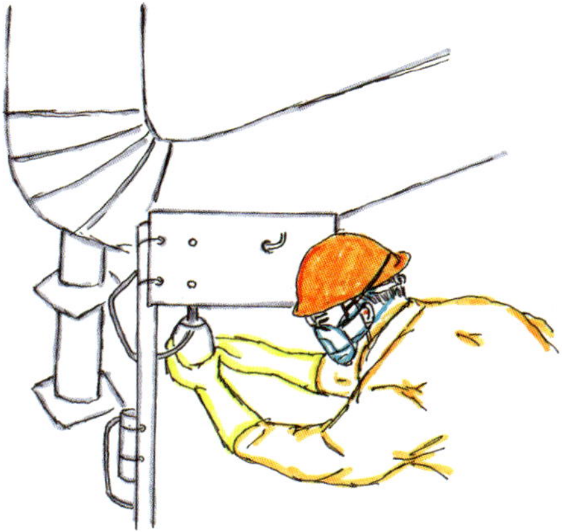

采样要对号入座，防护、监护不可少。样品、样瓶要置换，不乱排、不乱放，外观检查很重要。

（二）防冻防凝

气温升高，及时调整防冻防凝措施。

（三）节约用水

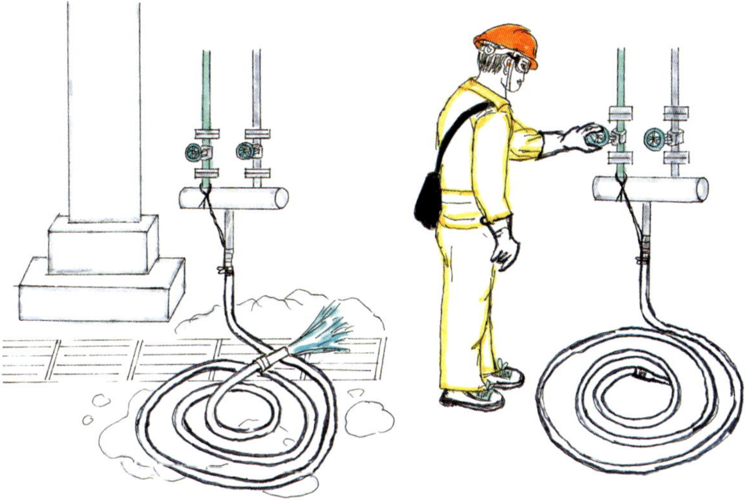

小白龙，长流水，勤检查，及时关。

（三）节约用电

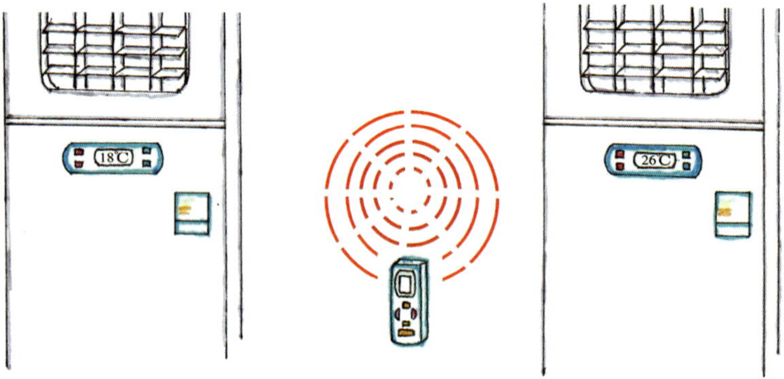

空调温度冬季不高于18℃，夏季不低于26℃。

（三）节约用电

随手关灯，养成节能好习惯。

（四）杜绝乱排乱放

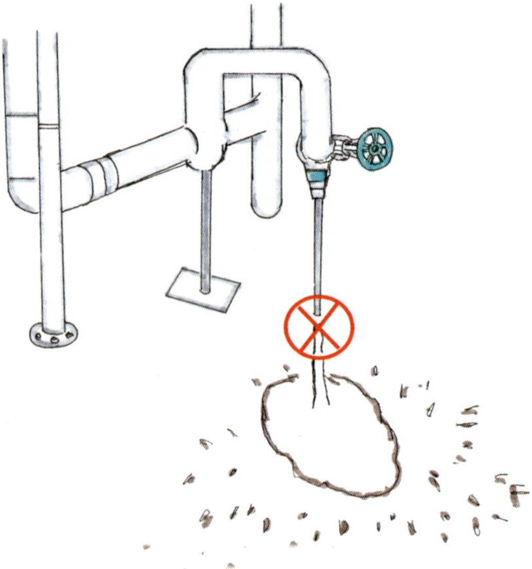

（五）污水处理

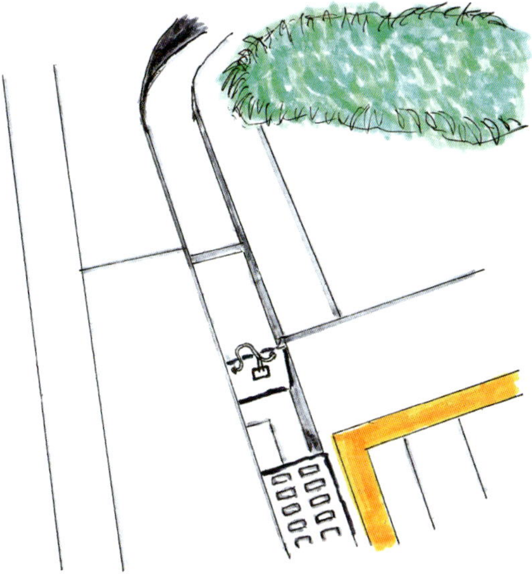

做好清污分流工作。

（六）循环冷却水检查

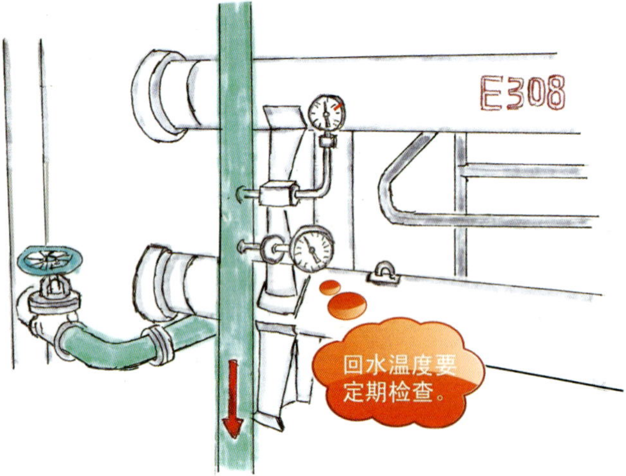

（二）交接班前预检

提前到岗，认真预检。

(二)交接班和班后会

十　交：交任务和指示、交操作、交指标、交质量、交设备、交安全、交环保和卫生规格化、交问题和经验、交工具、交记录；

五不接：设备润滑不好不接、工具不全不接、操作情况交待不清不接、记录不全不接、卫生规格化不好不接。

交接班

（三）接班后签字确认

工作交接要详细，接班需签字确认。

（二）外操室定置

温馨整洁外操室，给您一天好心情。

（二）现场定置

F枪、垃圾回收点、消防器材、化工原材料，摆放整齐，保持现场规格化。

策划：王爱东 孙敏杰 颜军文 金登峰 吴国平

编写：章棋峰 项　静 车　幸

绘图：丁建波